目　次

前言 ⋯⋯⋯ Ⅲ
引言 ⋯⋯⋯ Ⅴ
1 范围 ⋯⋯⋯ 1
2 规范性引用文件 ⋯⋯⋯⋯⋯⋯⋯⋯⋯⋯⋯⋯⋯⋯⋯⋯⋯⋯⋯⋯⋯⋯⋯⋯⋯⋯⋯⋯⋯⋯⋯⋯⋯⋯⋯⋯ 1
3 术语与定义 ⋯⋯⋯⋯⋯⋯⋯⋯⋯⋯⋯⋯⋯⋯⋯⋯⋯⋯⋯⋯⋯⋯⋯⋯⋯⋯⋯⋯⋯⋯⋯⋯⋯⋯⋯⋯⋯ 1
4 总则 ⋯⋯⋯ 2
　4.1 监测任务 ⋯⋯⋯⋯⋯⋯⋯⋯⋯⋯⋯⋯⋯⋯⋯⋯⋯⋯⋯⋯⋯⋯⋯⋯⋯⋯⋯⋯⋯⋯⋯⋯⋯⋯⋯⋯⋯ 2
　4.2 监测工作内容 ⋯⋯⋯⋯⋯⋯⋯⋯⋯⋯⋯⋯⋯⋯⋯⋯⋯⋯⋯⋯⋯⋯⋯⋯⋯⋯⋯⋯⋯⋯⋯⋯⋯⋯ 2
　4.3 监测分级 ⋯⋯⋯⋯⋯⋯⋯⋯⋯⋯⋯⋯⋯⋯⋯⋯⋯⋯⋯⋯⋯⋯⋯⋯⋯⋯⋯⋯⋯⋯⋯⋯⋯⋯⋯⋯ 3
　4.4 监测工作程序及监测方案设计 ⋯⋯⋯⋯⋯⋯⋯⋯⋯⋯⋯⋯⋯⋯⋯⋯⋯⋯⋯⋯⋯⋯⋯⋯⋯⋯ 4
　4.5 监测前期准备工作 ⋯⋯⋯⋯⋯⋯⋯⋯⋯⋯⋯⋯⋯⋯⋯⋯⋯⋯⋯⋯⋯⋯⋯⋯⋯⋯⋯⋯⋯⋯⋯⋯ 4
5 监测点、线、网布设 ⋯⋯⋯⋯⋯⋯⋯⋯⋯⋯⋯⋯⋯⋯⋯⋯⋯⋯⋯⋯⋯⋯⋯⋯⋯⋯⋯⋯⋯⋯⋯⋯⋯ 4
　5.1 一般规定 ⋯⋯⋯⋯⋯⋯⋯⋯⋯⋯⋯⋯⋯⋯⋯⋯⋯⋯⋯⋯⋯⋯⋯⋯⋯⋯⋯⋯⋯⋯⋯⋯⋯⋯⋯⋯ 4
　5.2 地面倾斜监测网、线、点布设 ⋯⋯⋯⋯⋯⋯⋯⋯⋯⋯⋯⋯⋯⋯⋯⋯⋯⋯⋯⋯⋯⋯⋯⋯⋯⋯ 5
6 监测内容 ⋯⋯⋯⋯⋯⋯⋯⋯⋯⋯⋯⋯⋯⋯⋯⋯⋯⋯⋯⋯⋯⋯⋯⋯⋯⋯⋯⋯⋯⋯⋯⋯⋯⋯⋯⋯⋯⋯ 6
　6.1 一般规定 ⋯⋯⋯⋯⋯⋯⋯⋯⋯⋯⋯⋯⋯⋯⋯⋯⋯⋯⋯⋯⋯⋯⋯⋯⋯⋯⋯⋯⋯⋯⋯⋯⋯⋯⋯⋯ 6
　6.2 监测内容 ⋯⋯⋯⋯⋯⋯⋯⋯⋯⋯⋯⋯⋯⋯⋯⋯⋯⋯⋯⋯⋯⋯⋯⋯⋯⋯⋯⋯⋯⋯⋯⋯⋯⋯⋯⋯ 6
7 监测方法 ⋯⋯⋯⋯⋯⋯⋯⋯⋯⋯⋯⋯⋯⋯⋯⋯⋯⋯⋯⋯⋯⋯⋯⋯⋯⋯⋯⋯⋯⋯⋯⋯⋯⋯⋯⋯⋯⋯ 7
　7.1 一般规定 ⋯⋯⋯⋯⋯⋯⋯⋯⋯⋯⋯⋯⋯⋯⋯⋯⋯⋯⋯⋯⋯⋯⋯⋯⋯⋯⋯⋯⋯⋯⋯⋯⋯⋯⋯⋯ 7
　7.2 监测设备及精度要求 ⋯⋯⋯⋯⋯⋯⋯⋯⋯⋯⋯⋯⋯⋯⋯⋯⋯⋯⋯⋯⋯⋯⋯⋯⋯⋯⋯⋯⋯⋯⋯ 8
　7.3 监测设备安装 ⋯⋯⋯⋯⋯⋯⋯⋯⋯⋯⋯⋯⋯⋯⋯⋯⋯⋯⋯⋯⋯⋯⋯⋯⋯⋯⋯⋯⋯⋯⋯⋯⋯⋯ 8
　7.4 监测频率 ⋯⋯⋯⋯⋯⋯⋯⋯⋯⋯⋯⋯⋯⋯⋯⋯⋯⋯⋯⋯⋯⋯⋯⋯⋯⋯⋯⋯⋯⋯⋯⋯⋯⋯⋯⋯ 9
8 成果资料整理与归档 ⋯⋯⋯⋯⋯⋯⋯⋯⋯⋯⋯⋯⋯⋯⋯⋯⋯⋯⋯⋯⋯⋯⋯⋯⋯⋯⋯⋯⋯⋯⋯⋯⋯ 10
　8.1 一般规定 ⋯⋯⋯⋯⋯⋯⋯⋯⋯⋯⋯⋯⋯⋯⋯⋯⋯⋯⋯⋯⋯⋯⋯⋯⋯⋯⋯⋯⋯⋯⋯⋯⋯⋯⋯⋯ 10
　8.2 监测数据处理 ⋯⋯⋯⋯⋯⋯⋯⋯⋯⋯⋯⋯⋯⋯⋯⋯⋯⋯⋯⋯⋯⋯⋯⋯⋯⋯⋯⋯⋯⋯⋯⋯⋯⋯ 10
　8.3 监测报告 ⋯⋯⋯⋯⋯⋯⋯⋯⋯⋯⋯⋯⋯⋯⋯⋯⋯⋯⋯⋯⋯⋯⋯⋯⋯⋯⋯⋯⋯⋯⋯⋯⋯⋯⋯⋯ 11
　8.4 成果资料归档 ⋯⋯⋯⋯⋯⋯⋯⋯⋯⋯⋯⋯⋯⋯⋯⋯⋯⋯⋯⋯⋯⋯⋯⋯⋯⋯⋯⋯⋯⋯⋯⋯⋯⋯ 11
附录 A（规范性附录） 地质灾害稳定性判断表 ⋯⋯⋯⋯⋯⋯⋯⋯⋯⋯⋯⋯⋯⋯⋯⋯⋯⋯⋯⋯⋯⋯ 13
附录 B（规范性附录） 监测点安置示意图 ⋯⋯⋯⋯⋯⋯⋯⋯⋯⋯⋯⋯⋯⋯⋯⋯⋯⋯⋯⋯⋯⋯⋯⋯ 16
附录 C（规范性附录） 监测数据记录 ⋯⋯⋯⋯⋯⋯⋯⋯⋯⋯⋯⋯⋯⋯⋯⋯⋯⋯⋯⋯⋯⋯⋯⋯⋯⋯ 17
附录 D（规范性附录） 监测数据处理方法 ⋯⋯⋯⋯⋯⋯⋯⋯⋯⋯⋯⋯⋯⋯⋯⋯⋯⋯⋯⋯⋯⋯⋯⋯ 18

前言

本规程按照 GB/T 1.1—2009《标准化工作导则 第 1 部分：标准的结构和编写》给出的规则起草。

本规程 A、B、C、D 均为规范性附录。

本规程由中国地质灾害防治工程行业协会提出并归口。

本规程起草单位：中国科学院武汉岩土力学研究所、江苏省交通科学研究院股份有限公司、中国地质大学（武汉）、长江水利委员会长江科学院、北京科技大学、武汉科技大学、湖南省交通科学研究院。

本规程主要起草人：姚海林、刘杰、周建华、高永涛、董城、卢正、董志宏、唐红、李邵军、任青阳、唐连权、刘传新、岳志平、周喻、付敬、詹永祥、胡斌、施栋豪、金爱兵、王勇、吴勇进、骆行文、杨明亮、葛云峰。

本规程由中国地质灾害防治工程行业协会负责解释。

引 言

根据国土资源部发布的《国土资源部关于编制和修订地质灾害防治行业标准工作的公告》（国土资源部公告 2013 年第 12 号）的要求，由中国地质调查局水文地质环境地质调查中心牵头，中国科学院武汉岩土力学研究所作为主编单位，会同有关科研院所组成编制组，经过广泛调查研究，认真总结地质灾害地面倾斜监测的实践经验和科研成果，在广泛征求意见的基础上，制定本规程。

地质灾害地面倾斜监测技术规程(试行)

1 范围

本规程规定了地质灾害地面倾斜监测的监测内容、监测方法、监测设备、监测精度及监测成果整理等技术要求。

本规程适用于已经发生且可能继续或再次发生,或者可能发生由于地质灾害引起地面倾斜的监测,以及受其危害的建(构)筑物的倾斜监测。

地面倾斜监测主要适用于崩塌、滑坡、地面塌陷和地面沉降4个地质灾害灾种的监测。

地质灾害地面倾斜监测除应符合本规程的规定外,还应符合国家现行有关标准、规范的规定。

2 规范性引用文件

下列文件对于本规程的应用是必不可少的。凡是注日期的引用文件,仅所注日期的版本适用于本规程。凡是不注日期的引用文件,其最新版本(包括所有的修改单)适用于本规程。

　　GB 50021　岩土工程勘察规范
　　GB 50026　工程测量规范
　　GB 51044　煤矿采空区岩土工程勘察规范
　　JGJT 8—2007　建筑变形测量规范
　　DZ 0238　地质灾害分类分级标准
　　DZ/T 0154　地面沉降水准测量规范
　　DZ/T 0218　滑坡防治工程勘查规范
　　DZ/T 0221　滑坡、崩塌、泥石流监测规范
　　DZ/T 0227　滑坡、崩塌监测测量规范
　　DZ/T 0283　地面沉降调查与监测规范
　　DZ/T 0286　地质灾害危险性评估技术规范
　　DD2006　地面沉降监测技术要求

3 术语与定义

下列术语和定义适用于本规程。

3.1

地面倾斜 land surface tilt

地面倾斜是指在外力作用下地表面偏离水平面并与之形成一定夹角的状态或现象。

3.2

地质灾害地面倾斜监测 geological disaster land surface tilt monitoring

在一定时间内,对崩塌、滑坡、地面塌陷、地面沉降等地质灾害引起的地面倾斜,采用单一或多种

技术方法或仪器设备进行周期性或实时的检查、量测和监测工作。

3.3

地质灾害地面倾斜方向 geological disaster direction of land surface tilt

在外力作用下地质灾害体地表面偏离水平面的方向即为地面倾斜方向。在图1中,Z 轴与重力铅垂线相重合,X 轴与 Y 轴分别位于东西与南北方向上,XOY 平面为水平面,φ 为 OE 的方位角,即为地面倾斜方向。

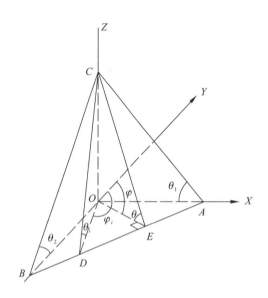

图1 地面倾斜示意图

3.4

倾斜角 tilt angle

地表岩土体的倾斜面与参照面(水平面)之间的夹角称为倾斜角。

3.5

工程建设地面沉降 land subsidence in engineering construction

在地质灾害易发生区域,土木建筑工程范围内的线路、管道,设备安装工程的新建、扩建、改建(包括房屋、铁路、公路、机场、港口、桥梁、矿井、水库、电站、通信线路等)引起的局部、小面积的地面沉降。

4 总则

4.1 监测任务

4.1.1 地质灾害地面倾斜监测应综合考虑地质灾害产生的地质背景、形成条件等因素,制订合理的监测方案,精心组织和实施监测。

4.1.2 监测滑坡、崩塌、地面沉降、地面塌陷等地质灾害地面及其威胁对象地面的倾斜状况,分析地面倾斜变形变化特征,预测地面倾斜发展趋势,为地质灾害预警和防治决策提供科学依据。

4.2 监测工作内容

4.2.1 进行地质灾害体地面倾斜的现场巡视和调研。

4.2.2 确定地质灾害地面倾斜监测范围及网点布设。

4.2.3 采用专业的仪器设备对地质灾害地面倾斜进行连续或者定期重复观测工作,准确测定地质灾害体地面倾斜变化。

4.2.4 分析整理监测数据,与地表变形监测的相关数据对比验证,动态掌握地面倾斜的变化规律及发展趋势。

4.2.5 根据监测成果,形成监测工作成果报告。

4.3 监测分级

4.3.1 针对滑坡等地质灾害,根据监测对象的地质条件、周边环境因素、地质灾害规模、危险度及危害程度等因素,参照《滑坡防治工程勘查规范》(DZ/T 0218),将地质灾害所处位置及其危害性划分为3个级别,见表1。

表1 地质灾害危害等级表

危害等级		一级	二级	三级
潜在经济损失		直接经济损失大于1 000万元,或潜在经济损失大于10 000万元	直接经济损失500万元~1 000万元,或潜在经济损失5 000万元~10 000万元	直接经济损失小于500万元,或潜在经济损失小于5 000万元
人员伤亡情况		有人员死亡	有伤害发生	无
危害对象	城镇	威胁人数多于1 000人	威胁人数500人~1 000人	威胁人数少于500人
	交通道路	一、二级铁路,高速铁路,高速公路	三级铁路,一、二级公路	铁路支线,三级以下公路
	大江大河	大型以上水库,重大水利水电工程,特大、特长桥梁及隧道	中型水库,省级重要水利水电工程,长距离桥梁	小型水库,县级水利水电工程,桥梁、隧道
	矿山	能源矿山,如煤矿	非金属矿山,如建筑材料	金属矿山,稀有、稀土矿
	建筑	建筑重要性:重要大型工业建筑、民用建筑、军事设施、核电设施,大型垃圾处理场、水处理厂等	建筑重要性:较重要中型工业建筑、民用建筑,中型垃圾处理场、水处理厂等	建筑重要性:一般小型工业建筑、民用建筑,小型垃圾处理场、水处理厂等

4.3.2 地质灾害危害对象应根据地质灾害所危及的范围确定,危害对象包括城镇、村镇、主要居民点以及矿山、交通干线、水库等重要公共基础设施。

4.3.3 地质灾害地面倾斜监测应根据地质灾害体的稳定状态及危害等级等因素按表2进行监测站(点)分级。

表2 监测站(点)分级表

地质灾害体的稳定状态	危害对象等级		
	一级	二级	三级
不稳定	监测一级	监测一级	监测一级
欠稳定	监测一级	监测二级	监测二级
稳定	监测二级	监测三级	—

4.3.4 地质灾害稳定性程度应通过详细勘察和稳定性计算确定,或根据地质灾害地区工程地质条件、触发动力因素和宏观变形迹象等进行综合判断,具体判断标准见附录A。

4.3.5 监测工程期内,若地质灾害稳定性程度或危害对象发生变化,地质灾害地面倾斜监测级别应按照4.3.3条进行调整。

4.4 监测工作程序及监测方案设计

4.4.1 监测工作程序应按照以下步骤进行:
- a) 现场踏勘,收集资料。
- b) 制订监测方案。
- c) 监测仪器、设备和元件的校准和标定,监测网点布设。
- d) 开展现场监测工作。
- e) 监测数据计算、整理、分析及信息反馈。
- f) 提交阶段性监测结果和报告。
- g) 现场监测工作完成后,提交完整的监测报告。

4.4.2 监测方案设计书应按照如下内容编制:
- a) 任务来源。
- b) 监测目的及依据。
- c) 工程概况、工程地质条件、危害对象确定及监测分级。
- d) 监测内容。
- e) 基准点、工作基点、监测点布设与保护。
- f) 监测方法、监测周期、监测频率、监测设备选择及精度要求。
- g) 监测数据计算、整理、分析,信息反馈及提交成果的要求。
- h) 监测人员配备及专业要求。
- i) 管理制度。

4.5 监测前期准备工作

4.5.1 收集和熟悉地质灾害的勘察、评估、设计和气象资料,以及监测对象周边环境条件资料、区域地质灾害资料、类似工程的相关资料。

4.5.2 进行现场踏勘,复核现场地质环境情况,确定监测项目现场实施的可行性。

4.5.3 对监测设备的选用、校定以及监测设备的连机调试。

5 监测点、线、网布设

5.1 一般规定

5.1.1 地面倾斜监测点、线、网的布设,应根据灾害体地质特征及其范围大小、形状、地形地貌特征、视通条件和施测要求确定。

5.1.2 监测点设置应遵循监测等级越高、监测点布设越密的原则。在变形速率较大和对地质灾害稳定起关键作用的地段或块体应增加测点。

5.1.3 每个监测点应有自己独立的监测功能和预报功能,布设时应结合地质结构、成因机制、变形特征,事先应进行该点的功能分析及多点组合分析并予以综合。

5.1.4 监测点不得选在下列地点：
  a) 地势低洼，易被积水淹没之处，地下管线之上。
  b) 附近有剧烈振动的地点。
  c) 位置隐蔽，通视条件不良，不便于观测之处。

5.1.5 地面倾斜监测应布设不少于3个稳定、可靠的点作为基准点，工作基点应选择在相对稳定的位置。

5.1.6 应定期检查工作基点和基准点的稳定性，对基准控制网点进行复测，复测周期宜6个月1次，当3次及以上的复测证明控制网点无显著位移时，可适当延长复测周期。

5.1.7 应加强对监测点的保护，必要时应设置监测点的保护装置或设施。

5.1.8 监测网线点的布设应根据监测等级的不同确定，具体布设方法见表3。

表3 监测点线布设表

监测级别	监测剖面/个	监测点数量（每个监测剖面）/个	监测点间距/m
一级	≥3	≥3	5～20
二级	≥2	≥2	20～50
三级	≥1	≥2	20～50
注：监测剖面应充分利用勘探剖面和稳定性计算剖面。			

5.2 地面倾斜监测网、线、点布设

5.2.1 滑坡、崩塌的地面倾斜监测网、剖面、点布设

a) 在范围不大、平面狭窄的滑坡，宜采用纵向、横向监测剖面构成"十"字形的监测网，监测点布设在监测剖面上，剖面两端设置在滑坡、崩塌范围以外的稳定岩土体上。

b) 地质结构复杂的滑坡、崩塌，应采用由多条纵向、横向监测剖面近直交的方格形监测网。

c) 地形条件复杂的滑坡、崩塌应因地制宜布置监测网。

d) 监测剖面应穿过滑坡、崩塌的不同变形地段，纵向监测剖面应与滑坡、崩塌变形方向一致，有两个或两个以上变形方向时，应分别布设相应的纵向监测剖面，横向监测剖面一般应与纵向监测剖面垂直。

e) 监测剖面宜有主要剖面和次要剖面之分，主次可分成2～3级不等。主要监测剖面上监测点个数应比次要剖面上多，次要监测剖面宜平行主要监测剖面，分布在其两侧，剖面间隔视滑坡、崩塌的具体情况而定。

f) 监测点不要求平均分布，应尽量靠近监测剖面，一般应控制布设在3 m范围之内。若受视通条件限制或其他原因，亦可单独布点。

g) 地面倾斜仪应以各级滑坡的可能出口位置为主要设置部位，宜在各级滑坡的可能出口位置设置3～4排倾斜仪，滑坡的其他位置应成网状布设。

5.2.2 采空区塌陷的地面倾斜监测网、剖面、点布设

a) 监测剖面宜平行和垂直于采掘工作面布置，数量不宜少于2条，走向观测线宜设在移动盆地的主断面位置，长度宜大于地表移动变形预计范围。

b) 监测点应布设在移动盆地边缘、拐点和最大下沉点附近,地质条件变化、变形异常及地貌单元分界处等重要部位,间距一般 15 m～20 m,且不宜超过 50 m。

5.2.3 岩溶塌陷地面倾斜监测网、剖面、点布设

a) 监测点应布置为棋盘状或者环状,布置范围应大于岩溶塌陷范围,且监测点位需设置稳固基础。
b) 有两个或两个以上塌陷坑洞或沉降中心时,监测网应设置为"廾"或"卅"形。
c) 宜根据塌陷变形特征和规律沿盆地长轴和短轴分别布置相互垂直的 2 条剖面。

5.2.4 地面沉降的地面倾斜监测网、剖面、点布设

a) 对于地下工程引起地面沉降的地面倾斜监测,应沿指定的方向等距离布设观测点。
b) 监测点应尽量靠近监测剖面,一般应控制布设在 2 m～4 m 范围之内。
c) 监测剖面两端的监测点应布设在地面沉降范围以外的稳定岩土体上,在沉降范围内可呈"十"字形布设。

6 监测内容

6.1 一般规定

6.1.1 监测内容应根据监测对象的特点、监测等级及设计施工的要求合理确定,并应反映监测对象的变化特征和安全状态。
6.1.2 监测内容应考虑设备、仪器的经济性和方便性,并考虑一项多用,数据长期可靠。
6.1.3 各监测对象和监测内容应相互配套,满足设计、施工方案的要求,形成有效、完整的监测体系。

6.2 监测内容

6.2.1 地质灾害地面倾斜监测内容应包括地面倾斜监测、危害对象倾斜监测和地表倾斜巡视。
6.2.2 监测过程中应在监测范围内同时开展地面倾斜变形的现场巡视工作,发现异常时应扩大巡视范围,必要时增加倾斜监测点。
6.2.3 地质灾害地面倾斜监测内容应根据表4选择。

表4 地质灾害地面倾斜监测内容

序号	监测内容	监测等级		
		一级	一级	一级
1	地面倾斜监测	√	#	○
2	危害对象倾斜监测	√	#	○
3	地表倾斜巡视	√	√	√

注1:√——应测项目,#——宜测项目,○——选测项目;具体情况应结合实施监测的地质灾害的特点来确定。
注2:危害对象倾斜监测可参照《建筑变形测量规范》(JGJT 8—2007)执行。

6.2.4 滑坡及崩塌监测应包括以下内容：
a) 监测滑坡、崩塌的地面角变位及倾倒、倾摆变形。
b) 计算各监测点的倾斜变化量，确定滑坡、崩塌等地质灾害地面倾斜速率和倾斜方向的变化。
c) 判断滑坡各级的出口位置、反倾段、反倾段长度及反倾角，推断滑坡的变形性质及崩塌可能出现的危险区域范围。

6.2.5 岩溶塌陷监测应包括以下内容：
a) 根据现场地质灾害的勘察、评估、设计和气象、监测对象周边环境条件相关资料，通过现场踏勘及相关监测资料整理，划分岩溶塌陷变形类型，土洞发育程度区段。
b) 监测地面塌陷变形区和影响区的地面倾斜角，圈定地面塌陷范围，确定地面塌陷的发展速率。
c) 确定岩溶塌陷危害对象的倾斜数值大小和方向。

6.2.6 采空塌陷监测应包括以下内容：
a) 根据现场地质灾害的勘察、评估、设计和气象、监测对象周边环境条件相关资料，获得采空区的塌落、密实程度、地表陷坑、裂缝发育、深度、延伸方向及工作面推进方向。
b) 监测地面塌陷变形区和影响区的地面倾斜角，圈定地面塌陷范围，确定地面塌陷的发展速率。
c) 确定采空塌陷危害对象的倾斜数值大小和方向。

6.2.7 地面沉降监测应包括以下内容：
a) 根据地面沉降的空间分布特征、活动规律、形成机理（地下水位变化、地下开挖等）等确定地面倾斜监测方案。
b) 监测有地面沉降趋势或已有沉降发生的地质灾害区域的地面倾斜变化幅度。
c) 监测地质灾害区域工程建设引发的局部、小面积的地面沉降（地面形变）。
d) 尚未确定边界的地面沉降，通过倾斜观测确定边界；已经确定了边界，但地面沉降趋势尚不明确的，应通过持续的倾斜观测判断已处于稳定或是尚在活动及其后期的变化趋势。
e) 确定危害对象的倾斜数值大小和方向。

6.2.8 地质灾害地面倾斜巡视应包括以下内容：
a) 地质灾害体地形地貌有无变化，地表岩土体有无局部倾斜、变形现象。
b) 周边建（构）筑物及农田、道路等重要设施有无倾斜变形出现。
c) 监测设施，如基准点、监测点是否完好；监测元器件是否完好及保护情况；基准点、控制点、工作基点、监测点的地形地貌有无变化；有无影响观测工作的障碍物。
d) 根据设计要求或当地经验确定其他巡视检查内容。

7 监测方法

7.1 一般规定

7.1.1 根据现场观测条件和要求，宜采用地面倾斜仪等直接监测岩土体地表倾斜变形变化特征；在保证水准测量精度的前提下，可选用水准测量方法、液体静力测量方法等间接进行测量。

7.1.2 危害对象的倾斜观测宜采用地面倾斜仪直接进行测量，在保证测量精度的前提下，可选用全站仪、液体静力测量方法等间接进行测量。

7.1.3 地面倾斜监测的各测项宜定期进行角度标准计量传递和校准，保证观测结果的时间、空间可比性。

7.1.4 在保证监测精度的情况下，宜实现数据的自动化采集和实时监测。

7.1.5 对同一监测项目，监测时宜满足以下要求：
   a) 采用相同的观测方法和观测路线。
   b) 使用同一监测仪器和设备。
   c) 固定观测人员。
   d) 在基本相同的环境和天气条件下工作。

7.1.6 地质灾害地面倾斜监测在保证测量精度要求的前提下，可使用本规程规定以外的新技术、新方法进行监测，形成合理的监测方法组合。

7.2 监测设备及精度要求

7.2.1 地面倾斜监测，根据工作原理的不同可选择摆式倾斜仪、气泡倾斜仪、电子倾斜仪等。

7.2.2 地质灾害地面倾斜角测定中误差不应大于±1′，且倾斜监测精度不应超过监测对象变形允许值的1/20和监测周期内平均变化值的1/10。

7.2.3 岩石坚硬的人工边坡应选用灵敏度高、量程小的倾斜仪，岩石破碎、软弱的人工边坡或天然滑坡应选用灵敏度较低但量程大的倾斜仪。

7.3 监测设备安装

7.3.1 在人员易到达的地点，应优先选用便携式倾斜仪，每次观测时安置倾斜仪，测完取下。

7.3.2 选择固定式倾斜仪的适用条件：
   a) 难以经常性安置倾斜仪的地方。
   b) 倾斜仪设置点安全，不易受到碰动或损害的地方。
   c) 地形有较大变化，人员到达现场困难或出现安全隐患时。
   d) 采用遥测或自动化观测的观测方法。

7.3.3 固定式倾斜仪安装要求：
   a) 地面倾斜观测应设置稳定的观测标石或基准板，标石表面应平整光滑，标石高出地面的距离应小于或等于30 cm，同分量两仪器标石之间的高差小于或等于3 mm。标石尺寸根据倾斜仪的不同型号确定。
   b) 在坚固的岩石或建筑物上设点，可不要标石，但仍应设一安置平面或基准板。
   c) 在有风化层或完整性差的岩土体表面，一般应设置标石，标石上设置安置平面或基准板，亦可不设标石，采用锚杆或钢管桩将基准板基座直接与岩土体固结成一体。基准板可水平安装也可垂直安装，用水泥砂浆或树脂胶等黏结材料将基准板固定在岩土体表面，基准板可选用陶瓷板或不锈钢板。监测点埋设可见附录B。
   d) 设置标石上的安置平面或基准板时，应用常规大地测量仪器按精密放样方法将安置平面或基准板中心设置在参考坐标系中设计的(X,Y)位置上（X,Y方向应分别为东西和南北方向）。
   e) 安置倾斜仪时，倾斜仪的中心应对准安置平面或基准板中心，两条轴线方向应与安置平面或基准板上的两条刻划线方向一致。用水平仪或其他水平装置调整倾斜仪上安装支架的定位螺钉，确保仪器的调平误差不得大于仪器量程的1/10。
   f) 基准板安装结束后，应记录测点高程、平面坐标、各组定位螺栓的方位和竣工情况。
   g) 倾斜仪和测点固定安置24 h以上待到读数稳定后进行初始值观测，初始值观测宜每隔

30 min测1次,每次测试的读数互差不大于5″,取连续3次所读数值的中间值作为观测基准值,同一倾斜仪重复测试不宜少于3次,可就地直接读取读数,也可设置遥测读数器进行读数。

h) 倾斜仪安装好后,应将仪器编号和设计位置做好记录存档,并严格保护好仪器引出线,传感器的电源线和信号线接头应注意焊接牢固,包扎严密,避免受潮漏电。

i) 固定式倾斜仪应考虑雨、雪、阳光、温度等环境的影响,必要时应设置保护装置,保护装置的尺寸应大于倾斜仪框架尺寸,同时设置防雷保护措施。

j) 倾斜仪设备工作环境:温度范围－20 ℃～50 ℃,湿度不大于95 %。

k) 地面倾斜监测通过测量两个不同方向倾斜角可计算出观测断面的倾斜角和倾斜方向。当两个方向互成90°夹角的传感器依照标石上的X、Y方向设置时,观测平面的倾斜角和倾斜方向如图1所示,可按照式(1)、式(2)计算。

倾斜角的值为:
$$\theta = (\theta_1^2 + \theta_2^2)^{1/2} \quad \cdots\cdots\cdots\cdots\cdots\cdots\cdots\cdots\cdots (1)$$

倾斜方向(自正北方位起算)的值为:
$$\varphi = \arctan\theta_1/\theta_2 \quad \cdots\cdots\cdots\cdots\cdots\cdots\cdots\cdots\cdots (2)$$

式中:
θ_1——X方向的倾角;
θ_2——Y方向的倾角。

7.3.4 便携式倾斜仪安装要求:

a) 便携式倾斜仪观测点设置可参考7.3.3节中进行。

b) 同一监测点重复测试不宜少于3次,测试数据间差值小于1％ F·S,取中间值作为该次测值。

c) 测量完成后,将定位螺钉拧开,取下倾斜仪,进行下一个监测点的测量。

d) 应定期测量基准板的表面斜度,以确定转动变形的大小、方向和速率。

e) 倾斜仪可布设为一个测量单元独立工作,亦可多测点布设测出被测岩土体的各段倾斜量,将变形体的变形曲线描述出来。倾斜仪可回收重复使用,并可方便实现倾斜测量的自动化。

f) 倾斜仪用毕,应放置在干燥、通风、无腐蚀性气体的室内,定期给充电电池充电,同时应定期用角度器校验倾斜仪的传感器。

7.3.5 摆式倾斜仪、气泡倾斜仪、电子倾斜仪等均应根据测量方式的不同按照7.3.3、7.3.4节中的安装要求进行安装。

7.3.6 当多套仪器同台安装应符合下列要求:

a) 可采用同类或两类倾斜仪器近距离布设观测,以获取对比观测数据。

b) 同类或不同类型倾斜仪器近距离布设时,各分量方位角、仪器灵敏度应调整一致或相近。

7.4 监测频率

7.4.1 监测频率的确定应满足能系统反映监测对象所测项目的重要变化而又不遗漏其变化时刻的要求。

7.4.2 地质灾害地面倾斜监测频率应综合考虑地质灾害类别、稳定性程度、危害对象及自然条件等因素综合确定。在无数据异常和地质灾害发生征兆的情况下,地质灾害地表变形监测频率可按表5

确定。

表 5 地质灾害地面倾斜监测频率 （单位：d）

地质灾害类型	监测等级		
	一级	一级	一级
崩塌	1～7	7～15	30
滑坡	1～7	7～15	30
地面塌陷	3～10	10～30	30～60
地面沉降	3～10	10～30	30～60

7.4.3 当出现下述情况时应提高监测频率，加强监测，宜每天一次或数小时一次直至连续跟踪监测：
a) 监测数据达到报警值。
b) 监测数据变化较大或者速率加快。
c) 汛期、雨季或防治工程施工期。
d) 地质灾害已有明显的变形痕迹，地面变形活跃期。
e) 存在勘察未发现的不良地质情况。
f) 地下工程降排水、土方开挖阶段。

7.4.4 针对监测级别为一级的地质灾害体，当有危险事故征兆时应实时跟踪监测。

7.4.5 地面沉降的监测频率应与施工进度、工艺相关，施工期间的监测频率应加密。

8 成果资料整理与归档

8.1 一般规定

8.1.1 应根据监测资料类别分别建立相应的监测数据库，包括地质条件数据库、地质灾害数据库和监测数据库等。

8.1.2 监测数据应及时整理、建档：
a) 对于手动记录的延时监测数据，应将有关资料如日期、监测点号、仪器编号、气温等，以表格或其他形式记录下来，进行统一编号、建卡、归类和建档。
b) 对于全自动记录的数据，应及时进行数据拷贝，并编号存档。

8.2 监测数据处理

8.2.1 现场监测资料应符合以下要求：
a) 原始记录需使用监测记录表格，具体格式见附录 C。
b) 监测数据的整理应及时。
c) 对监测数据的变化及发展情况的分析和评述应及时。
d) 监测成果应真实、准确、完整。

8.2.2 外业完成后，应随即对原始记录的准确性、可靠性、完整性加以检查和检验，并判断测值有无异常。如有漏测、误读（记）或异常，应及时补测、确认或更正，并记录相关情况。

8.2.3 原始监测数据检查、检验的主要内容有：
a) 作业方法是否符合规定。

b) 观测记录是否正确、完整、清晰。
c) 各项检验结果是否在限差以内。
d) 是否存在粗差。
e) 是否存在系统误差。

8.2.4 应及时计算各监测物理量(倾斜角、倾斜角变化速率),及时对各类监测资料分别进行人工曲线标定和计算机曲线拟合。

8.2.5 检查和判断测值的变化趋势,作出初步分析。应先检查有无错误和监测系统有无故障,经多方比较判断,确认是监测物理量异常时,应及时上报主管部门,并附上文字说明。

8.2.6 应按照规定间隔时间(日、旬、月、季、半年、年)对数据库内的监测数据等资料进行分析统计,计算特征值,对监测资料进行分析处理。数据处理的具体方法见附录D。

8.3 监测报告

8.3.1 资料整理分析后,提出监测分析报告,报告的主要内容包括:
a) 监测设备情况的述评,包括设备、设施的管理、保养、完好率、变更情况等。
b) 监测误差的分析,监测物理量异常情况通报等。
c) 安全检查开展情况,主要成果、结论。
d) 监测资料整编、分析情况,主要成果、结论与建议。

8.3.2 地质灾害地面倾斜监测分析应包括:
a) 倾斜观测点位布置图。
b) 倾斜观测成果表。
c) 倾角-时间曲线图。

8.3.3 资料整理分析后,提出监测分析报告。监测分析报告应包括月报、季报和年报:
a) 监测月报、季报应以简报形式为主,对监测数据进行整理、汇总,作出相关的曲线分析图,并对该时段的监测成果进行综合分析评价总结,对下一阶段的监测工作进行简单的汇报。
b) 监测年度报告应包括以下内容:
   1) 自然地理与地质概况。
   2) 周边环境因素。
   3) 地质灾害规模。
   4) 地质灾害的特征和成因。
   5) 监测工作概况。
   6) 地质环境的动态特征与发展趋势。
   7) 监测设备情况的述评,包括设备、设施的管理、保养、完好率、变更情况等。
   8) 安全检查开展情况,主要成果、结论。
   9) 结论和建议及下一年度的工作计划。

8.4 成果资料归档

8.4.1 归档的监测成果资料主要包括:
a) 监测方案。
b) 监测分析成果图。
c) 相关照片或视频资料。

d) 监测布设、验收记录。
e) 阶段性监测报告。
f) 监测总结报告。
g) 委托方或主管部门要求的其他图件等。

8.4.2 档案部门负责文书档案的归口管理,对各监测部门形成的文件材料的收集、整理、立卷和归档工作进行监督、检查和指导,负责文书档案的验收,并对其实行集中统一管理。

8.4.3 监测部门负责本部门文件材料的收集、整理和归档、移交工作,并对其完整性、准确性和系统性负责。

8.4.4 凡属归档范围的文件材料,必须按规定整理归档后向档案部门移交,实行集中统一管理,任何个人和部门不得据为己有或拒绝归档。

附 录 A
（规范性附录）
地质灾害稳定性判断表

表 A.1 滑坡稳定性判断表

判据	稳定性分级		
	稳定	欠稳定	不稳定
判别标准	在一般条件（自重）和特殊工况条件（地震、暴雨等）下均是稳定的	在现状条件下是稳定的，但安全储备不高，略高于临界状态。在一般工况条件下向不稳定方向发展，在特殊工况下有可能失稳	在现状态下即近于临界状态，且向不稳定状态发展。在一般工况条件下将失稳
野外特征	①滑坡前缘较缓，临空高差小，无地表径流流经和继续变形的迹象，岩土体干燥；②滑坡平均坡度小于25°，坡面上无裂缝发展，其上建筑物、植被未有新的变形迹象；③后缘壁上无擦痕和明显位移迹象，原有裂缝已被充填	①滑坡前缘临空，有间断季节性地表径流流经，岩土体较湿，斜坡坡度为30°～45°；②滑坡平均坡度25°～40°，坡面上局部有小的裂缝，其上建筑物、植被未有新的变形迹象；③后缘壁上有不明显变形迹象，后缘有断续的小裂缝发育	①滑坡前缘临空，坡度较陡且常处于地表径流流经的冲刷之下，有发展趋势并有季节性泉水出露，岩土潮湿、饱水；②滑坡平均坡度大于40°，坡面上有多条新发展的滑坡裂缝，其上建筑物、植被有新的变形迹象；③后缘壁上可见擦痕和有明显位移迹象，后缘有裂缝发育
稳定系数 F_s	$F_s > F_{st}$	$1.00 < F_s \leq F_{st}$	$F_s \leq 1.00$

注1：F_{st}为滑坡稳定安全系数。
注2：引自《地质灾害危险性评估技术规范》(DZ/T 0286)。

表 A.2 崩塌稳定性判断表

判据	稳定性分级		
	稳定	欠稳定	不稳定
判别标准	在一般条件（自重）和特殊工况条件（地震、暴雨等）下均是稳定的	在现状条件下是稳定的，但安全储备不高，略高于临界状态。在一般工况条件下向不稳定方向发展，在特殊工况下有可能失稳	在现状下即近于临界状态，且向不稳定状态发展。在一般工况条件下将失稳
稳定性判别指标	崩滑体外貌特征后期改造较大，前缘临空高差小，较低缓，且已形成河流侵蚀的稳定坡型。坡面上无明显变形现象	崩滑体外貌特征后期改造不大，后缘滑坡洼地封闭或半封闭，滑体平均坡度中等，滑体内冲沟切割中等。滑坡前缘受冲刷尚未形成稳定坡型，有局部坍塌，整体尚无明显变形迹象，但坡面上局部滑坡裂缝发育，其上建筑物、植被有变形迹象，后缘有断续的小裂缝发育。滑坡周边有一定数量的加载来源，人为工程活动较强烈。在一般工况下是稳定的，但安全储备不高，在特殊工况下有可能整体失稳	崩滑体外貌特征明显，滑坡洼地一般封闭。滑体坡面平均坡度较陡（>30°），滑坡前缘临空较陡且常处于地表径流的冲刷之下，有季节性泉水出露，岩土潮湿、饱水。近期滑坡上有明显变形破坏现象，且为滑坡变形配套产物：后缘弧形裂缝或塌陷，两侧羽状开裂，前缘鼓胀、鼓丘等变形现象发育。滑体目前接近于临界状态，且正在向不稳定方向发展，滑坡周边有加载来源。在特殊工况条件下很有可能大规模失稳

表 A.2 崩塌稳定性判断表（续）

判据	稳定性分级		
	稳定	欠稳定	不稳定
稳定性系数 F_s	$F_s>1.05$	$1.00<F_s\leqslant 1.05$	$F_s\leqslant 1.00$

注1：F_{st} 为滑坡稳定性安全系数。
注3：引自《地质灾害危险性评估技术规范》(DZ/T 0286)。

表 A.3 岩溶塌陷稳定性分级表

稳定状态	地面变形判别标准	岩溶塌陷
稳定	地表不再发生不连续变形；地表建（构）筑物近2年内无开裂现象	①灰岩质地不纯，地下溶洞、土洞不发育； ②地面塌陷、开裂不明显； ③地表建（构）筑物无变形、开裂现象； ④上覆松散厚度小于80 m； ⑤地下水位变幅小
欠稳定	地表可能存在发生不连续变形及地裂缝；地表建（构）筑物近2年内有开裂现象	①以次纯灰岩为主，地下存在小型溶洞、土洞等； ②地面塌陷、开裂明显； ③地表建（构）筑物有变形、开裂现象； ④上覆松散厚度30 m～80 m； ⑤地下水位变幅不大
不稳定	地表存在塌陷和裂缝；地表建（构）筑物近6个月内变形开裂明显	①以质纯厚层灰岩为主，地下存在中大型溶洞、土洞或有地下暗河通过； ②地面多处下陷、开裂，塌陷严重； ③地表建（构）筑物变形、开裂明显； ④上覆松散厚度小于30m； ⑤地下水位变幅大

注：参照《地质灾害分类分级标准》(DZ 0238—2004)。

表 A.4 采空塌陷稳定性分级表

稳定状态	参考指标					地面变形判别标准
	地表移动变形值				开采深厚比	
	下沉	倾斜 /mm·m^{-1}	水平变形 /mm·m^{-1}	地形曲率 /mm·m^{-2}		
稳定	小于1.0 mm/d，且连续6个月累计下沉小于30 mm	<3	<2	<0.2	>80	地表不再发生不连续变形；地表建（构）筑物近2年内无开裂现象
欠稳定	小于1.0 mm/d，但连续6个月累计下沉大于或等于30 mm	3～6	2～6	0.2～0.6	30～80	地表可能存在发生不连续变形及地裂缝；地表建（构）筑物近2年内有开裂现象
不稳定	大于或等于1.0 mm/d	>6	>6	>0.6	<30	地表存在塌陷和裂缝；地表建（构）筑物近6个月内变形开裂明显

注：参照国家标准《煤矿采空区岩土工程勘察规范》(GB 51044)和《岩土工程勘察规范》(GB 50021)。

表 A.5 地面沉降稳定性分级表

稳定状态	判别标准	地面沉降速率/mm·a^{-1}	累计地面沉降量/mm
稳定	地表不再发生不连续沉降；地表建（构）筑物近2年内无沉降现象	0～10	0～300
欠稳定	地表可能存在发生沉降和倾斜；地表建（构）筑物近2年内有沉降、变形现象	10～30	300～800
不稳定	地表存在沉降和倾斜；地表建（构）筑物近6个月内变形、沉降明显	＞30	＞800

注1：累计地面沉降量指自1955年监测数据至最新政府公布数据。
注2：沉降速率指近5年的平均年沉降量。
注3：引自《地质灾害危险性评估技术规范》（DZ/T 0286）。

附 录 B
（规范性附录）
监测点安置示意图

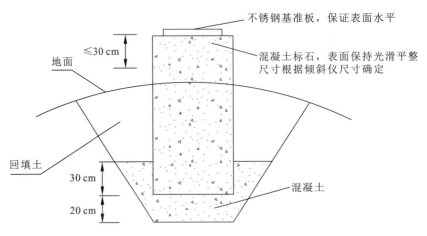

图 B.1 标石埋设示意图

注：适用于坚固的岩石或岩土体完整性较好的地面。

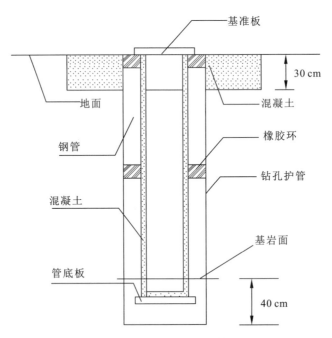

图 B.2 钢管埋设示意图

注：在有风化层或完整性差的岩土体表面。

附 录 C
（规范性附录）
监测数据记录

表 C.1 监测数据日报表

( )次监测数据

工程名称：			仪器类型：				
观测点编号：			天气：		温度：		
监测报表编号：			日期：				

测点	点号	倾斜角变化值						备注
		单次变化		累计变化量/(′)		变化速率/(′)·h^{-1}		
		X方向	Y方向	X方向	Y方向	X方向	Y方向	
说明	1. 所填写数据正负号的物理意义。 2. 测点是否保护完好。							

观测者：　　　　　　　　　　记录者：　　　　　　　　　　检查者：

表 C.2 监测巡视记录表

时间：　年　月　日　　　　　　　　　　　　　　　　　　　　　　　天气：

工程名称	
巡查单位	
巡查人员	
巡查地点（测点）	
巡查情况	
存在问题	
处理措施	
备注	

附 录 D
（规范性附录）
监测数据处理方法

D.1 对倾斜监测的各项原始数据应及时整理和检查。

D.2 规模较大的监测网,应对观测值、坐标值等进行精度评定。

D.3 监测基准网的起算点,必须是经过稳定性检验合格的点或者点组。监测基准为稳定性的检验,可采用以下方法:

 a) 采用最小二乘测量平差的检验方法,复测的平差值与首次观测的平差值较差 Δ 满足下式要求时,认为点位稳定:

$$\Delta < 2\mu \sqrt{2Q} \quad\quad\quad\quad\quad\quad\quad\quad (D.1)$$

式中:

Δ——平差值较差的限值;

μ——单位权中误差;

Q——权系数。

 b) 采用数理统计检验方法(包括 F 检验法、B 检验法、τ 检验法、t 检验法等)。

 c) 采用 a)、b)项相结合的方法。

D.4 监测结果分析应包括以下内容:

 a) 观测成果的可靠性。

 b) 监测体的累计倾斜量和两相邻观测周期的相对倾斜量分析。

 c) 相关影响因素(荷载、气象和地质)的作用分析。

D.5 当地倾斜观测数据出现下列情形之一者,可判别为长周期数据异常变化:

 a) 用东西、南北两正交方向的旬均值序列绘制矢量曲线,当出现持续 3 个月以上偏离原有趋势,偏离量值大于 3 倍中误差值,或偏离方向大于 30°,且曲线出现拐弯、打结、转向、偏离等变化时。

 b) 用日均值序列绘制 $M\text{-}T$ 曲线,当出现持续 3 个月以上区别于正常年变形态,且偏离值大于 3 倍中误差值时。